NOTICE

SUR

LES TRAVAUX PUBLIÉS

PAR

M. Paul TANNERY,

INGÉNIEUR DES MANUFACTURES DE L'ÉTAT.

SEPTEMBRE 1883.

PARIS,

GAUTHIER-VILLARS, IMPRIMEUR-LIBRAIRE

DU BUREAU DES LONGITUDES, DE L'ÉCOLE POLYTECHNIQUE,

SUCCESSEUR DE MALLET-BACHELIER,

Quai des Augustins, 55.

1883

NOTICE

SUR

LES TRAVAUX PUBLIÉS

PAR

M. Paul TANNERY,

INGÉNIEUR DES MANUFACTURES DE L'ÉTAT.

SEPTEMBRE 1883.

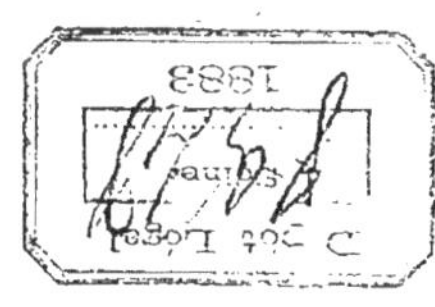

PARIS,

GAUTHIER-VILLARS, IMPRIMEUR-LIBRAIRE

DU BUREAU DES LONGITUDES, DE L'ÉCOLE POLYTECHNIQUE,

SUCCESSEUR DE MALLET-BACHELIER,

Quai des Augustins, 55.

1883

NOTICE

LES TRAVAUX PUBLIÉS

PAR

M. Paul TANNERY

DANS LES RECUEILS ET OUVRAGES SUIVANTS.

TRAVAUX PUBLIÉS.

A.
MÉMOIRES DE LA SOCIÉTÉ DES SCIENCES PHYSIQUES ET NATURELLES DE BORDEAUX

(2ᵉ Série).

I.
(T. I, 1876, p. 441-449.)

Note sur le système astronomique d'Eudoxe (27 mai 1876).

Exposé de la restitution de ce système d'après M. G.-V. Schiaparelli (*Le sfere omocentriche di Eudosso, di Callippo e di Aristotele*, Milan, 1875); établissement et discussion des formules correspondantes pour le mouvement des planètes.

II.
(T. II, 1878, p. 95-104.)

Note sur la genèse des forces attractives et répulsives
(7 décembre 1876).

Détermination de la forme analytique des fonctions qui peuvent représenter l'action entre deux solides invariables plongés dans un milieu fluide parfait et indéfini, dans l'hypothèse où l'action est égale à la réaction et constamment dirigée suivant la droite joignant les centres de gravité des deux solides.

Ce travail, d'ailleurs essentiellement d'Analyse mathématique, a été reproduit à peu près *in extenso*, sous le titre : *Note sur les forces attractives et répulsives et les actions de milieu,* dans le *Journal de Physique théorique et appliquée,* publié par J.-Ch. d'Almeida (t. VI, n° 68, août 1877).

III.

(T. II, 1878, p. 179-184.)

Hippocrate de Chio et la quadrature des lunules (19 avril 1877).

Analyse critique du travail de Bretschneider sur cette question (*Die Geometrie und die Geometer vor Euklides,* p. 102 et suiv. Leipzig, 1870). Réfutation des erreurs de Montucla et de Ferdinand Hoefer.

IV.

(T. II, 1878, p. 277-283.)

Sur les solutions du problème de Délos par Archytas et par Eudoxe (27 décembre 1877).

Divination d'une solution perdue.

Extrait d'une lettre de Gᴇᴏʀɢᴇ Jᴏʜɴsᴛᴏɴ Aʟʟᴍᴀɴ ([1]) du 12 septembre 1881 :

Your conjecture as to the solution of the Delian problem by Eudoxus is, I think, excellent, and I intend to refer to it in the third Part of my Paper.

Votre conjecture sur la solution du problème de Délos par Eudoxe est, à mon avis, excellente, et j'ai l'intention de la relater dans la troisième Partie de mon Traité.

([1]) Auteur de *Greek Geometry from Thales to Euclid,* Part I (1877), Part II (1881); publiées dans l'*Hermathena* (Dublin), travail poursuivi avec une rare compétence.

V.

(T. III, 1880, p. 351-371.)

L'Arithmétique des Grecs dans Pappus (1er mai 1879).

Extrait de la recension des *Vorlesungen* de M. Cantor dans les *Jahrbücher für Class. philol.*, 1881, Hft. 8 et 9, par F. Hultsch (¹) :

Der Vf. gibt die Darstellung des mit der zehnten Medietät abschliessenden Systems nach Nikomachos : es wäre aber ausserdem vielleicht eine Vergleichung mit dem wesentlich abweichenden System des Pappos erwünscht gewesen. Zwar wird über letzteres das wichtigste weiter unten in dem vorliegenden Werke bemerkt; doch zeigt neuerdings die eingehende Darstellung Tannerys, zu welchen interessanten Aufschlüssen die Vergleichung dieser beiden, anscheinend von einander unabhängigen, Quellen führt.

Nur historisches Interesse haben die Bemerkungen, welche ich aus einer Jugendarbeit Karl Gustav Jacobis gelegentlich mitgeteilt habe.

L'auteur (M. Cantor) donne l'exposition du système complet des dix médiétés d'après Nicomaque; on pourrait peut-être désirer une comparaison avec le système de Pappus, lequel en diffère essentiellement. A la vérité, ce qu'il y a de plus important à remarquer sur ce dernier se trouve plus loin dans l'Ouvrage que nous analysons; pourtant *l'exposition approfondie de M. Tannery a montré récemment à quels intéressants résultats conduit* la comparaison de ces deux sources, qui paraissent indépendantes l'une de l'autre.

Il n'y a désormais qu'un intérêt historique dans les remarques que j'ai eu l'occasion de faire d'après un travail de jeunesse de Charles-Gustave Jacobi.

VI.

(T. IV, 1882, p. 161-194.)

L'Arithmétique des Grecs dans Héron d'Alexandrie (13 mai 1880).

Restitution de la méthode d'approximation des anciens pour le calcul numérique des racines carrées.

(¹) L'illustre éditeur de *Héron d'Alexandrie*, de *Pappus* et des *Metrologici scriptores*.

Extrait de la préface des *Vorlesungen über Geschichte der Mathematik* von MORITZ CANTOR (Leipzig, 1880, p. VI) :

Vornehmlich sind es Arbeiten eines französischen Fachgenossen, welche ich in dieser Beziehung zu erwähnen habe. Herr Paul Tannery hat theils in der *Revue philosophique,* theils in dem *Bulletin des Sciences mathématiques et astronomiques,* Abhandlungen zur Geschichte der griechischen Mathematik veröffentlicht, welche unbedingt an den verchiedensten Stellen dieses Bandes genannt zu werden das Recht hatten. Von anderen Arbeiten aus seiner Feder, welche die Presse noch nicht verlassen haben, bin ich durch seine liebenswürdigen brieflichen Mittheilungen in Kenntniss gesetzt, und inbesondere die letzteren würden vermuthlich manche meiner Folgerungen wesentlich verändert haben, wenn ich frühzeitig genug über sie hätte verfügen können. Ich bin berechtigt so viel davon zu verrathen, dass H. Tannery sämmtliche angenäherte Quadratwurzeln bei Archimed und bei Heron von Alexandria einzeln in Untersuchung genommen hat und aus ihnen ermittelt hat, dass meine Meinung, jene Werthe seien nicht nach der Formel

$$\sqrt{a^2 + r} = a + \frac{r}{2a};$$

entstanden, irrig ist, dass vielmehr aus dieser näherungsweise richtigen Gleichung sämmtliche vorhandene Werthe folgen, wenn nur einige besondere Zusatzannahmen hinzutreten, die namentlich auf die Zerlegung eines Bruches in Stammbrüche sich beziehen.

J'ai surtout à citer sous ce rapport (comme connus trop tard pour être utilisés dans les *Vorlesungen*) les travaux d'un homme du métier en France. M. Paul Tannery a publié sur l'histoire des Mathématiques grecques, soit dans la *Revue philosophique,* soit dans le *Bulletin des Sciences mathématiques et astronomiques,* des articles qui auraient eu sans réserve droit d'être cités aux endroits les plus différents de ce Volume. Les gracieuses communications de sa correspondance m'ont fait connaître d'autres travaux de sa plume qui ne sont pas encore imprimés, et les derniers en particulier (il s'agit du Mémoire ci-dessus et du suivant) m'auraient sans doute fait apporter des changements essentiels à mainte de mes conclusions, si j'avais pu y recourir assez à temps. Je puis me permettre de dire seulement que M. Tannery a particulièrement étudié l'ensemble des approximations de racines carrées dans Archimède et dans Héron d'Alexandrie; qu'il a constaté que j'étais dans l'erreur en pensant que ces valeurs ne pouvaient avoir été obtenues d'après la formule

$$\sqrt{a^2 + r} = a + \frac{r}{2a};$$

qu'au contraire, l'ensemble des valeurs en question découle de cette égalité approximative, si l'on y ajoute quelques déterminations accessoires, lesquelles se rapportent à la décomposition d'une fraction en *quantièmes* (fractions ayant pour numérateur l'unité).

(9)

M. Siegmund Gunther a publié dans les *Abh. zur Gesch. der Mathem.*, IV, sous le titre : *Die quadratischen Irrationalitäten der Alten und deren Entwickelungsmethoden,* une étude complète de la question, où il a analysé comparativement les diverses méthodes proposées pour représenter celle des anciens, et conclu finalement en faveur de celle de M. Tannery. Page 15, il s'exprime ainsi :

Ia Paul Tannery, ein Gelehrter, der neben Cantor und Hultsch neuerdings wohl am meisten zur Vervollkommung unserer Kenntnisse vom Wesen griechischer Mathematik beitrug...

Paul Tannery, un savant qui, à côté de Cantor et de Hultsch, a contribué au plus haut degré à perfectionner notre connaissance de l'essence de la Mathématique grecque...

VII.

(T. IV, 1882, p. 313-337.)

Sur la mesure du cercle d'Archimède (22 juillet 1880).

Exposé des procédés d'Archimède pour le calcul numérique de π.

Discussion historique de la probabilité que la solution de l'équation de Pell ait été connue d'Archimède.

Divination de la méthode d'invention de cette solution.

Ce Mémoire a été analysé, comme le précédent, par M. Siegmund Gunther dans son étude précitée, et avec les mêmes éloges (p. 89) :

Wenn wir diese Darlegungen Paul Tannery's lesen, glauben wir wahrlich griechische Luft uns anwehen zu fühlen.

Quand nous lisons ces expositions de Paul Tannery, il nous semble vraiment respirer un air grec...

VIII.

(T. IV, 1802, p. 395-416.)

*De la solution géométrique des problèmes du second degré
avant Euclide.*

Exposé de la solution dans Euclide.

Démonstration historique de la découverte de cette solution par Pythagore ou par ses disciples immédiats.

2

Relations avec la solution arithmétique dans Diophante. Preuves
que cette dernière est sensiblement aussi ancienne que la géométrique.

SIEGMUND GUNTHER. Étude précitée, p. 88.

Ein so genauer Kenner dieses Wer- kes (Diophant), wie unser Gewährs- mann.....	Quand on connaît aussi exactement Diophante que notre caution (P. Tan- nery).....

IX.

(T. V, 1er Cahier, 1882, p. 49-61.)

Sur une critique ancienne d'une démonstration d'Archimède
(24 novembre 1881).

Discussion d'un passage de Pappus; exposé de la méthode d'Archimède pour la démonstration du théorème relatif à la tangente à sa
spirale, à l'extrémité de la première révolution; simplification de cette
démonstration.

Extrait d'une Lettre de J.-L. HEIBERG ([1]) :

Je me suis occupé moi-même du passage de Pappus, mais je n'avais pas
jusqu'ici compris le sens de sa critique.

X.

(T. V, 2e Cahier, 1882, p. 129-147.)

Seconde Note sur le système astronomique d'Eudoxe (23 février 1882).

Défense contre M. Th.-H. Martin (*Mémoires sur les hypothèses astronomiques d'Eudoxe, de Callippe et d'Aristote*. Paris, 1881) de l'opinion
de M. G.-V. Schiaparelli relative aux mouvements du Soleil et de la
Lune, d'après Eudoxe.

Attribution à ce dernier de la théorie de la rétrogradation des nœuds
de l'orbite lunaire.

Discussions mathématiques et historiques.

([1]) Le savant éditeur d'Archimède et d'Euclide.

XI.

(T. V, 2ᵉ Cahier, 1882, p. 211-236.)

Le fragment d'Eudème sur la quadrature des lunules.

Difficultés que présentait la restitution du texte de cet important fragment, le plus ancien de la Géométrie grecque. Rôles de George Johnston Allman, de Diels, d'Usener; celui de l'auteur. Texte grec ; traduction, observations.

Quadrature géométrique de deux lunules en dehors des trois carrées par Hippocrate de Chios.

XII.

(T. V, 2ᵉ Cahier, p. 237-258.)

Aristarque de Samos.

Premières déterminations numériques correspondant au calcul des fonctions circulaires.

Critique du procédé des anciens pour la détermination des distances du Soleil et de la Lune. Ce procédé a été, en réalité, unique : il remonte à Eudoxe.

Examen critique des différentes déterminations attribuées aux divers mathématiciens de l'antiquité.

XIII.

(En cours d'impression pour le Tome V, 3ᵉ Cahier.)

La Stéréométrie de Héron d'Alexandrie.

Essai de restitution partielle; cubature de divers solides terminés par des faces planes et des plans gauches.

XIV.

Études héroniennes.

Formules d'approximation héroniennes suppléant aux fonctions circulaires; critique de leur valeur; divination de leur origine.

En dehors de ces Mémoires, les procès-verbaux de la *Société de Bordeaux* renferment les analyses de diverses Communications verbales de M. Paul Tannery, notamment de trois conférences sur l'origine des chiffres modernes et sur les systèmes astronomiques de l'antiquité.

Les Mémoires précités renferment en thèse générale, à côté de recherches historiques, des développements mathématiques originaux; ceux qui ont été publiés dans le Recueil suivant ont un caractère plus particulièrement historique.

B.

BULLETIN DES SCIENCES MATHÉMATIQUES ET ASTRONOMIQUES
Rédigé par MM. Darboux, J. Hoüel et J. Tannery.

XV.

(T. III, 2ᵉ série, 1879.)

A quelle époque vivait Diophante?

Extrait de la Préface des *Vorlesungen* de M. CANTOR, p. VII :

Einen verändernden Einfluss auf meine Darstellung würde der Aufsatz « A quelle époque vivait Diophante? par M. Paul Tannery » geübt haben, hätte ich ihn früher gekannt. In dieser 8 Seiten starken Abhandlung hat nämlich der Verfasser bewiesen, dass der von Suidas genannte Diophantus, Lehrer des Libanius, kei-

Mon exposition aurait également subi d'autres modifications si j'avais connu plus tôt l'article : *A quelle époque vivait Diophante?* par M. Paul Tannery... Dans cet écrit de huit pages, l'auteur a notamment prouvé que le Diophantus, maître de Libanius et nommé par Suidas, ne peut aucunement être considéré comme le mathé-

nenfalls der Mathematiker Diophant war, dass also diese Stütze für die Annahme, Diophant habe in der zweiten Hälfte des iv S. gelebt, wegfällt. Des weiteren ist aber wahrscheinlich gemacht, dass Diophant schon am Ende des iii S. lebte, ein muthmasslicher Zeitgenosse des Pappus, und damit schwindet die Schwierigkeit, welche das Epigramme des Metrodorus über Diophant chronologisch bereiten muss.

maticien Diophante, et qu'ainsi tombe cet appui de l'opinion qui fait vivre Diophante dans la seconde moitié du ivᵉ siècle. D'autre part, il est établi au moins comme vraisemblable que Diophante vivait déjà à la fin du iiiᵉ siècle et était probablement contemporain de Pappus; ainsi disparaît la difficulté chronologique qui semblait résulter de l'épigramme de Métrodore sur Diophante.

XVI.

(T. V, 2ᵉ série, 1881.)

Sur le problème des bœufs d'Archimède.

Analyse du travail de B. Krumbiegel et A. Amthor, et des recherches personnelles de l'auteur sur cette question (5 pages).

XVII.

(T. V, 2ᵉ série, 1881.)

Quelques fragments d'Apollonius de Perge.

Recueil critique de fragments d'un travail d'Apollonius sur les *Éléments*.

Conjectures sur ce travail (12 pages).

XVIII.

(T. VI, 2ᵉ série, 1882.)

Sur les fragments de Héron d'Alexandrie conservés par Proclus.

Ces fragments doivent provenir de la *Géométrie* de Héron et non d'un commentaire sur Euclide. Le plus ancien commentaire dont l'existence puisse être démontrée a été fait par Porphyre (10 pages).

(14)

XIX.

(T. VI, 2e série, 1882.)

Sur l'invention de la preuve par neuf.

Preuves que les principes de cette opération et la pratique des calculs qu'elle entraine étaient connus des Grecs (3 pages).

XX.

(T. VII, 2e série, 1883.)

Sur la date des principales découvertes de Fermat.

Preuves que ces découvertes ont été faites par Fermat avant l'âge de quarante ans (13 pages).

XXI.

(En cours d'impression.)

Sérénus d'Antissa.

Appréciation de ce mathématicien et détermination de l'époque de sa vie.

XXII.

Notes pour l'histoire des lignes et surfaces courbes dans l'antiquité.

En outre de ces études, M. Paul Tannery a publié dans le même Recueil divers comptes rendus, dont deux, relatifs aux *Vorlesungen* de M. Cantor (1880) et aux *Literargeschichtliche Studien über Euklid* de J.-L. Heiberg (1882), ont l'importance de travaux originaux.

C.

ANNALES DE LA FACULTÉ DES LETTRES DE BORDEAUX.

———

Les Notes publiées dans ce Recueil, d'un caractère spécialement philologique, sont en général consacrées à des développements particuliers sur des points touchés dans d'autres Recueils, mais qui ne pouvaient y être traités complètement.

XXIII.

(T. I, 1879, p. 189-190.)

Sur un passage de Diogène Laërce.

Conjecture sur les ancêtres de Thalès de Milet.

XXIV.

(T. II, 1880, p. 197-201.)

L'article de Suidas sur Hypatia.

Corrections de texte, réfutation de diverses erreurs relatives à Hypatia ; elle n'a écrit que des commentaires.

XXV.

(T. III, 1881, p. 101-104.)

Sur l'âge du pythagoricien Thymaridas.

Preuve, contre M. Th.-H. Martin, que l'opinion qu'il a fait abandonner à M. Cantor sur cette question était la bonne, et que Thymaridas vivait avant Platon, ce qui est d'une importance majeure pour l'histoire de l'Algèbre.

XXVI.

(T. III. 1881, p. 204-208.)

L'article de Suidas sur le philosophe Isidore.

Recherches sur les successeurs de Proclus; le philosophe Isidore n'était nullement mathématicien, et le maître de l'auteur du XVe Livre des *Éléments* est le premier Isidore de Milet.

J.-L. HEIBERG (*Literargeschichtliche Studien über Euklid*, p. 156, note) dit :

Diese Vermuthung äusserte ich in *Revue critique*. Später habe ich gesehen, dass die Priorität Hn. P. Tannery zukommt.	J'ai déjà émis cette opinion dans la *Revue critique*. Cependant, comme je l'ai vu depuis, la priorité en appartient à M. P. Tannery.

XXVII.

(T. III, 1881, p. 481-484.)

Le procès de Protagoras.

Les témoignages de l'antiquité sur la condamnation du sophiste Protagoras à Athènes ne reposent que sur une fiction légendaire.

XXVIII.

(T. IV, 1882, p. 70-76.)

Sur les fragments d'Eudème de Rhodes relatifs à l'histoire des Mathématiques.

Les travaux historiques d'Eudème de Rhodes ont été négligés de bonne heure pour les compilations et extraits qui en furent faits; ils n'ont été à la disposition ni de Proclus, qui ne les a connus que par Porphyre ou par Geminus, ni de Simplicius et d'Eutocius, qui ont fait usage d'un recueil compilé vers la fin du IIIe siècle par un Sporos de Nicée.

Cette thèse, admise par Diels, Usener, Allman, S. Günther, est rejetée par M. Cantor et J.-L. Heiberg, qui toutefois ne l'ont pas encore combattue.

XXIX.

(T. IV, 1882, p. 257-261.)

Sur Sporos de Nicée.

Recherches complémentaires de l'étude précédente et relatives à la personnalité de ce mathématicien peu connu.

XXX.

(T. IV, 1882, p. 331-333.

Un fragment d'Héraclite.

Éclaircissement d'un texte corrompu.

XXXI.

(En cours d'impression.)

Un fragment de Speusippe.

Restitution et explication de ce fragment, le plus ancien de quelque étendue qui concerne l'Arithmétique grecque, et dont M. Tannery a été le premier à signaler l'importance majeure.

3

D.

REVUE ARCHÉOLOGIQUE.

XXXII.

(Numéro de mars 1881.)

Les mesures des marbres et des divers bois de Didyme d'Alexandrie
(15 pages).

XXXIII.

(Numéro de janvier-février 1883.)

Sur le modius castrensis (12 pages).

Études de Métrologie ancienne, renfermant des corrections et des explications de divers problèmes de la collection héronienne. La première de ces études a été citée deux fois dans l'excellente *Griechische und römische Metrologie* de F. HULTSCH (Berlin, Weidmann, 1882).

E.

REVUE PHILOSOPHIQUE DE FRANCE ET DE L'ÉTRANGER
Dirigée par M. Ribot.

Collaborateur assidu de ce Recueil depuis sa fondation, en janvier 1876, M. Paul Tannery y a conquis d'une part, pour les questions touchant les Sciences et en particulier les Mathématiques, de l'autre, pour celles qui concernent l'histoire de la Philosophie et des Sciences dans l'antiquité, une autorité dont il sera inutile de multiplier ici les témoignages flatteurs.

En dehors des comptes rendus et analyses d'une trentaine d'Ouvrages, (plus de cent pages), il a publié deux séries d'articles de fond.

E_a.

Philosophie mathématique.

Articles destinés à exposer dans toute leur rigueur, et avec la clarté nécessaire pour les lecteurs habituels de la *Revue philosophique*, les principes et les conséquences des théories mathématiques.

XXXIV.

(Novembre 1876, p. 433-451, et juin 1877, p. 553-575.)

La Géométrie imaginaire et la notion d'espace.

Exposé des principes de la Géométrie à n dimensions, de la représentation conventionnelle des quantités complexes, etc., de la Géométrie de Lobatchefski, de Bolyai, des travaux de Beltrami, Klein, Riemann sur la Géométrie non euclidienne.

Conclusions philosophiques.

XXXV.

(Février 1879, p. 113-130, et novembre 1879, p. 469-493.)

Une théorie de la connaissance mathématique.

Étude générale faite à propos d'un livre d'O. Schmitz-Dumont (Berlin, 1878).

L'analyse et la critique des notions premières employées dans une science font incontestablement partie de la Philosophie, mais elles n'en doivent pas moins être poursuivies suivant les procédés et d'après les principes spéciaux à la science dont il s'agit.

Concept de fonction. — Théorie des opérations arithmétiques, d'après M. Hoüel. — Valeur de la Géométrie non euclidienne.

Nombres incommensurables et nombres transcendants.

Emploi des imaginaires en Algèbre, en Géométrie. — Calcul des quaternions.

Principes du Calcul infinitésimal.

Exposé des principes de la Dynamique et des théorèmes généraux de la Mécanique.

Théorème de la conservation de l'énergie; sa signification mathématique; sa signification physique.

Comment doit être posé le problème de la conciliation de ce théorème avec la négation de la nécessité des phénomènes? — Critique des tentatives de MM. Naville et Boussinesq. — Si des théorèmes mathématiques affirment la nécessité, c'est qu'on l'a mise dans les hypothèses et qu'on la retrouve dans les conclusions; mais les hypothèses ne peuvent avoir qu'une valeur expérimentale.

On peut rattacher à cette série :

XXXVI.

(Juillet 1878, p. 68-75, et septembre 1878, p. 289-301.)

Deux *Essais sur le syllogisme.*

1° *Les trois figures.* Leur rôle dans les Sciences de classification.

2° *L'application de l'Algèbre au syllogisme de l'école.* Symbolisme algébrique mis en rapport avec le symbolisme géométrique d'Euler.

E_b.

Le but principal de cette série d'études, limitée à la période qui s'étend de Thalès à Platon, et destinée à être réunie en volumes lorsqu'elle aura été complétée, est, d'une part, de présenter un tableau complet des connaissances et des hypothèses scientifiques de cette époque, avec l'exposé de leurs origines et de leurs progrès ; d'un autre côté, de mettre en lumière comment, dans un mouvement dont le caractère véritablement scientifique dans son principe est généralement méconnu de nos jours, s'introduisirent successivement en le dénaturant les diverses questions d'ordre métaphysique ; enfin d'établir que les derniers progrès de la Science moderne n'ont pas fait avancer d'un pas ces dernières questions.

XXXVII.

(Mars 1880, p. 299-318.)

Thalès et ses emprunts à l'Égypte.

Connaissances scientifiques et Cosmologie des Égyptiens et des Babyloniens.

Caractère pratique de la Géométrie de Thalès. — Restitution de sa Cosmologie.

Il n'y a aucune preuve de son originalité comme savant ou comme penseur.

F. HULTSCH, recension des *Vorlesungen* de Cantor, p. 576 :

Zu erwähnen ist auch die Abhandlung von Paul Tannery,... eine Schrift die fast gleichzeitig mit dem Cantorschen Werke erschienen ist und in ihren Hauptergebnissen mit denselben übereinstimmt.	Je dois citer ici le Mémoire de Paul Tannery,... écrit qui a paru en même temps que l'Ouvrage de Cantor et qui concorde avec ce dernier dans ses conclusions principales.

Gustav **Teichmüller**, l'illustre philosophe de Dorpat, a consacré à cette étude, dans les *Gött. gel. Anz.*, 1880, Stück. 34, une analyse circonstanciée où il la signale comme un *travail original et hors ligne* (eine originelle und hervorragende Leistung).

XXXVIII.

(Mai 1882, p. 499-529.)

Anaximandre de Milet.

Caractère général des *physiologues*. — Rôle d'Anaximandre comme savant. — Son système du monde d'après Teichmüller. — Prédominance du rôle de la révolution diurne. — Nouveaux détails cosmographiques. — Anaximandre ne concevait pas l'espace comme infini. — Son concept de la matière comme indéterminée. — Des diverses doctrines sur l'origine du monde. — Critique de la croyance à la création et des hypothèses de Laplace. — Critique de la doctrine de l'évolution. — Critique de la théorie de l'*entropie*.

XXXIX.

(Décembre 1882, p. 618-636.)

Pour l'histoire du concept de l'infini au VIe siècle avant J.-C.

C'est à Pythagore que remonte l'origine du concept scientifique de l'espace en tant que continu d'une part, illimité de l'autre.

Il n'a point dégagé le concept de l'espace absolu, distinct de la matière.

Comment on fut conduit à nier la révolution diurne.

Xénophane, son caractère *humoriste* comme poète et comme *physiologue.*

L'exposition de sa doctrine par Théophraste est erronée. Il ne possédait pas en réalité le concept de l'espace infini, qui ne put être éclairci que quand Parménide l'eut nié formellement. Cette négation est l'essence de la doctrine éléate.

XL.

(Juin 1883, p. 621-642.)

Anaximène et l'unité de substance.

Anaximène admettait encore la limitation de l'espace.

Recherches sur l'époque où il vivait et restitution de son système cosmologique.

Origines et influence postérieure de ce système.

Rôle d'Anaximène dans la découverte de la cause des éclipses.

Sa doctrine de l'unité de la substance. — Critique des opinions modernes sur cette question.

XLI.

En cours d'impression :

Héraclite d'Éphèse.

Son caractère *théologue* et antiscientifique.

En préparation :

La physique de Parménide, etc.

XLII.

(Novembre 1880, p. 517-530; mars 1881, p. 283-299; août 1881, p. 149-168; décembre 1881, p. 615-636.)

L'éducation platonicienne.

Tableau complet des sciences mathématiques au temps de Platon. Appréciation du rôle de ce philosophe.

F. Hultsch, recension des *Vorlesungen* de M. Cantor, p. 581 :

Einige beachtenswerte Ergänzungen zu dem was C. uns bietet finden wir in den zur Zeit noch nicht abgeschlos-	On trouvera des compléments intéressants à ce que nous donne Cantor dans les études que Paul Tannery a

<table>
<tr><td>

senen Untersuchungen, welche Paul Tannery unter dem Titel..... zu veröffentlichen angefangen hat.

</td><td>

commencé à publier sous le titre..... et qui ne sont pas encore terminées.

</td></tr>
</table>

G. Teichmüller (*Literarische Fehden im vierten Jahrhundert vor Chr.* 1881) :

<table>
<tr><td>

Der französische Mathematiker Tannery, dem wir bereits eine so schöne Untersuchung über die Lehre des Thales verdanken, fesselt jetz unsere Aufmerksamkeit durch seine Betrachtungen über die platonische Erziehung..... Man wird daher mit Spannung die weiteren Artikeln Tannery's über die Geschichte der Astronomie...

</td><td>

Le mathématicien français Tannery, auquel nous devons déjà une si belle étude sur Thalès, captive aujourd'hui notre attention par ses travaux sur l'*éducation platonicienne*..... On ne peut donc qu'attendre avec impatience les articles futurs de Tannery sur l'histoire de l'Astronomie.....

</td></tr>
</table>

Extrait d'une lettre de M. Cantor (7 mars 1881):

Je viens de recevoir..... votre deuxième article sur l'*éducation platonicienne*. J'y ai trouvé..... une identité presque complète d'opinions sur tous les points principaux discutés ou discutables. La vérité n'est qu'une, les erreurs sont innombrables. Il est donc moins que peu probable que deux auteurs arrivent indépendamment l'un de l'autre aux mêmes conclusions erronées, ce qui prouve que nous avons raison tous les deux.....

M. Ohse, de Dorpat, termine actuellement une traduction allemande de cette importante étude.

On peut y rattacher les suivantes :

XLIII.

(Février 1876, p. 170-188.)

Le nombre nuptial de Platon,

XLIV.

(Septembre 1876, p. 285-289.)

L'hypothèse géométrique du Ménon de Platon,

qui sont des *tentamina juventutis* pour l'explication de deux passages mathématiques de Platon. L'auteur en a depuis, de lui-même et malgré des adhésions persistantes, abandonné les conclusions, et ces articles n'ont plus d'intérêt que pour les nombreux renseignements qui s'y trouvent relativement à l'histoire des Mathématiques.

La seconde des deux énigmes a été définitivement résolue par M. Cantor.

Sur la première, M. Paul Tannery a exposé de nouvelles conjectures en rendant compte (février 1882, p. 210-213, et mai 1883, p. 567-573) de la double interprétation de M. Dupuis et de celle de F. Hultsch.

A la suite du premier de ces comptes rendus, S. Günther traitant la même question (*Die platonische Zahl.* Leopoldina XVIII) dit, en rappelant le premier essai :

Tannery, einer der geistvollsten mathematischen Historiker, deren sich die Gegenwart rühmen darf....	Tannery, un des historiens des Mathématiques les plus ingénieux, dont le temps présent puisse se glorifier.....

et plus loin, sur la première interprétation de M. Dupuis :

Wollen wir gerecht sein, so werden wir jener Hypothese die Namen Dupuis' und Tannery's gemeinsam beizulegen haben.	Si nous voulons être justes, nous devons attacher désormais à cette hypothèse les noms de Dupuis et de Tannery.

M. Dupuis, dans sa seconde interprétation du *Nombre géométrique de Platon* (Paris, 1882), a également constaté qu'une des remarques de ce premier compte rendu avait été l'un des points de départ de son nouveau travail.

F.

Travail inséré en supplément à la Préface du Volume :

SIMPLICII IN ARISTOTELIS PHYSICORUM LIBROS QUATTUOR PRIORES
edidit Hermannus Diels. (Berlin, Reimer, 1882.)

faisant partie de la Collection des Commentaires grecs sur Aristote, publiée sous les auspices de l'Académie des Lettres de Prusse.

4

XLV.

Appendix Hippocratea, **2** (p. xxvi-xxxi).

*Paulus Tannery Havrensis in Simplicii de Antiphonte
et Hippocrate excerpta*, p. 54-69.

Annotations critiques et mathématiques sur le passage de Simplicius relatif à la quadrature du cercle et des lunules.

Travail écrit en latin et demandé à l'auteur par Hermann Diels et Usener de Bonn.

G.

M. Paul Tannery a effectué un grand nombre de corrections sur des textes mathématiques, notamment ceux de Diophante, Héron, Pappus, Aristarque de Samos, Ptolémée, Fermat, etc.

Quelques-unes ont été publiées sous son nom :

1° Par F. Hultsch (*Zeitschrift für Mathematik und Physik*, 1880, p. 38).

Mit Recht bemerkt daher Herr Ingenieur Paul Tannery in Havre, der bereits mehrere treffliche Beiträge zur Geschichte der Mathematik veröffentlicht hat, in einem an mich gerichteten Schreiben.....	Dans une lettre qu'il m'a adressée, M. Paul Tannery, ingénieur au Havre, qui a déjà publié plusieurs excellentes contributions à l'histoire des Mathématiques, m'a fait remarquer à bon droit.....

2° Par M. Charles Henry (*Bullettino di Bibliografia e di Storia delle Scienze matematiche e fisiche*, juillet 1880. — Supplément aux *Recherches sur les manuscrits de Pierre de Fermat, suivies de fragments inédits de Bachet et de Malebranche*).

Nous devons un grand nombre des corrections qui suivent à l'obligeance de M. Paul Tannery, ingénieur des manufactures de l'État au Havre.

Ces corrections et rectifications étaient au nombre de *cent quatre*.

M. Paul Tannery prépare actuellement, avec l'appui du Ministère de l'Instruction publique, une édition critique du texte de Diophante.

Il possède en manuscrit :

1° Des traductions d'Euclide, Nicomaque, Théon de Smyrne, des *Theologumena*, de Diophante, des Œuvres latines de Fermat;

2° Des commentaires relatifs à Diophante et à Fermat;

3° Un cours d'Algèbre, un cours d'Analyse et un cours de Géométrie, rédigés suivant un plan nouveau.

POSITIONS SUCCESSIVES DE L'AUTEUR.

Élève à l'École Polytechnique (sergent)................ Promotion. 1861

Élève ingénieur à l'École d'application des Tabacs...... Octobre.... 1863

Sous-ingénieur de la Manufacture des Tabacs de Lille... Juin....... 1865

Sous-chef du bureau des Manufactures (Ministère des Finances).. Juillet..... 1867

Capitaine commandant la 2e batterie (à pied) du corps franc d'artillerie (service des mitrailleuses).........   Siège de Paris   1870 / 1871

Directeur des travaux de la construction des Magasins de Tabacs en feuilles de Bergerac, St-Cyprien, Souillac.... Juin....... 1871

Directeur des travaux de la transformation mécanique de la Manufacture des Tabacs de Bordeaux.............. Juillet.....: 1874

Ingénieur de la Manufacture du Havre................. Mai 1877

Capitaine commandant la 18e batterie du 3e régiment d'artillerie territoriale........................... Décembre.. 1877

Ingénieur du service de l'expertise (Paris)............. Juillet..... 1883

Membre fondateur (S. P.) de la *Société mathématique de France* 1872

Membre titulaire (S. P.) de la *Société des Sciences physiques et naturelles de Bordeaux* 1875

9156   Paris. — Imprimerie de Gauthier-Villars, quai des Augustins, 55.

9 782016 185216